LOS AGUJEROS NEGROS

Descubriendo los monstruos del universo

Espacio-tiempo, luz y gravitación

de Igino Mauro Annarumma

Todos los derechos reservados
© 2009 - 2014
Igino Mauro Annarumma
Cover photo © Fotolia.com Lic. 9904073

ISBN: 978-1-326-06495-2

Índice

Presentación	07
El ciclo de vida de una estrella	10
El agujero negro: ¿por qué es negro?	17
Dentro del agujero	28
Clasificación de los agujeros negros	31
La física de los agujeros negros	33
La evaporación de los agujeros negros	38
A la caza de los agujeros negros	45
Los viajes en el espacio-tiempo	51
Los conceptos de Espacio y Tiempo	53
Fuentes:	67
Apéndice	72
Glosario de términos utilizados	73

"Queremos, tanto el fuego nuestros cerebros quema,

Descender al abismo, ¿qué importa infierno o cielo?.

¡Al fondo de lo Ignoto para encontrar lo nuevo!"

Charles Baudelaire

Presentación

El término "agujero negro" se introdujo hace unos pocos años en el imaginario colectivo, evocando escenarios fantásticos y abismos espacio-temporales, pero el verdadero conocimiento de estos "monstruos" celestes, que parecen violar las leyes físicas hasta ahora verificadas, es un patrimonio de pocos estudiosos y apasionados.

Fue el pastor inglés John Michell, en 1783, quien se dió cuenta por primera vez que la luz no podía escapar de cuerpos tan densos como el sol y con un diámetro quinientas veces más grande. Dichos objetos, pensó Michell, resultarían invisibles.

Las primeras teorías sobre los agujeros negros sólo se remontan a los tiempos más recientes, precisamente en 1939, cuando Openheimer y Snyder publicaron su trabajo "sobre la contracción gravitatoria continua", en la que se demostraba matemáticamente que una estrella de masa superior a la del sol se colapsa hasta ser invisible. Algunas décadas después, a final de los años sesenta, John Wheeler acuñó la expresión "Agujero negro", para indicar un cuerpo celeste cuya densidad es tal que el campo que crea no permite que la luz salga. Un cuerpo con estas características resulta por tanto invisible, aunque su presencia se pueda detectar por la observación de los fenómenos relacionados con su campo gravitacional.

Estamos frente a un argumento complejo pero sin duda fascinante, que esconde numerosos enigmas todavía sin resolver, éste "Agujeros negros- descubriendo los monstruos del universo" quiere ser un manual divulgativo pensado para estudiantes y apasionados, que quieran profundizar en los propios conocimientos sobre el fascinante y misterioso fenómeno de los agujeros negros y de su impacto en el espacio-tiempo según las teorías actuales más acreditadas.

Citas, fotos, dibujos y un útil glosario de los términos usados en el texto acompañan la lectura, lo que supone una gran ayuda para el estudio y la preparación de textos escolares o investigaciones de grupo, sea en ámbito escolar como en casa o la oficina.

De fácil lectura, pero sin caer en la especulación estéril, el texto recorre en sus capítulos el viaje de un valiente e imaginario astronauta por los misteriosos pliegues del universo, donde oscuros abismos y túneles espacio-temporales desvelan mano a mano un cielo estrellado muy diverso de cuanto podríamos imaginar.

El ciclo de vida de una estrella

"El tamaño del sol,

es del ancho de un pie humano".

AECIO

Las estrellas, como los seres vivos, nacen, se transforman y mueren.

La astrofísica moderna es más que consciente de como suceden estas cosas, como para poder representar científicamente la evolución de casi todos los cuerpos celestes y estudiar las leyes físicas que la rigen.

Las estrellas son grandes esferas de gas cuya existencia está extremadamente unida al equilibrio entre la fuerza gravitatoria y la presión interna, a la conservación de la energía, de origen nuclear, y a otros numerosos parámetros entre los cuales los más importantes son la masa y la densidad.

De hecho de estos últimos depende la vida media de las estrellas y su evolución final.

Seguimos con el desarrollo de una estrella supermasiva, con una masa de 60-70 veces la del sol.

Las estrellas masivas nacen de zonas más densas de materia interestelar: la protoestrella

Las estrellas se forman a partir de aglomeraciones de materia interestelar, los glóbulos de Bok, de los cuales, por la sucesiva contracción gravitatoria, desencadenada por explosiones de estrellas masivas y choques entre nubes de gas y polvo, se origina la protoestrella.

Ésta se caracteriza por un núcleo, sede de intensas transformaciones nucleares, como la fusión del hidrógeno en Helio, a una temperatura de 10 millones de grados. A esta temperatura, los choques entre partículas son violentos y generan nuevas combinaciones de hidrógeno pesado (deuterio) y helio.

La protoestrella atrae la materia, y los materiales más pesados caen al centro produciendo una contracción progresiva del mismo cúmulo.

Después de un largo periodo de equilibrio, en el que la energía disipada al exterior que hace brillar la protoestrella se compensa con la contracción y el consumo del combustible nuclear (secuencia principal), la tendencia a la contracción gravitatoria prevalece sobre la tendencia a la expansión debida a la presión del gas, y la protoestrella, una vez quemado casi todo el hidrógeno, (cosa que se le sucederá también a nuestro Sol dentro de 5000 millones de años), sólo tiene en el núcleo átomos de Helio. En este momento la temperatura del corazón de la protoestrella supera los cien millones de grados. En este punto comienza la fusión de Helio en Carbono-12, pero la reacción libera grandes cantidades de energía no disipable de la superfie estelar.

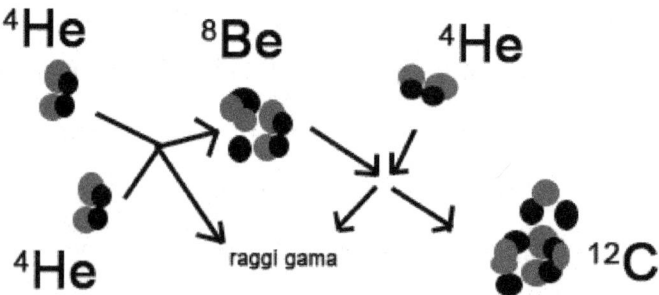

Dallo scontro di due molecole di Elio 4, ovvero con due protoni e due neutroni, si forma il Berillio 8, altamente instabile. Solo se nello scontro si verifica l'impatto di un ulteriore He4, si orgina il Carbonio 12

Los estratos superficiales todavía ricos de Hidrógeno se expanden enfriándose, y la estrella aumenta 250 veces su diámetro, transformándose en un gigante rojo. En su interior, el carbono se combina ulteriormente con el Helio para formar el Oxígeno.

Ultimada la fusión del carbono en oxígeno, el cuerpo celeste aparece como un conjunto de estratos concentrados, del interior al exterior: oxígeno, carbono, helio e hidrógeno.

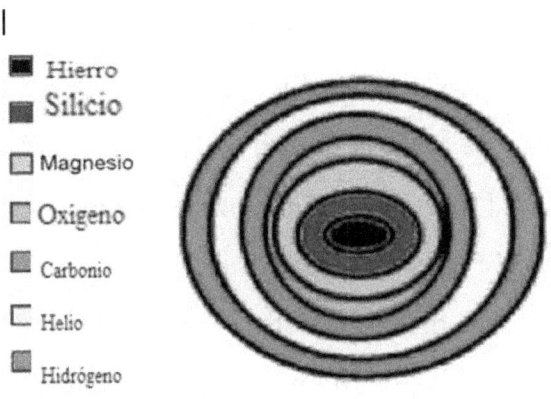

La masa de la estrella permite todavía el consumo de una gran energía para continuar las reacciones nucleares: el oxígeno se funde con magnesio, scilio y hierro.

Los físicos han determinado como condición de esta fase evolutiva de la estrella la superación de 1,44 masas solares. Superado tal límite, definido como límite de Chandrasekhar por el licenciado indio Subrahamanyan Chandrasekar, decae el principio de exclusión de Pauli, según el cual ciertas partículas no pueden estar demasiado juntas. Careciendo así de fuerza de repulsión, el colapso de la estrella es irrefrenable. Al contrario, una estrella de masa inferior se somete a un enfriamiento y una lenta contracción, hasta convertirse en una enana blanca.

<u>Sólo las estrellas que superan el límite de Chandrasekar (1,44 masas solares) se consideran estrellas masivas.</u>

El hierro es un elemento muy estable, pero a su vez se trata de un pésimo combustible nuclear. Siendo menor el equilibrio por la fuerza de gravedad, la estrella comienza a contraerse. De tal forma la temperatura crece vertiginosamente, y los estratos superficiales se expanden hasta explotar violentamente por la imposiblidad de disipar la energía producida. La estrella recibe el nombre se supernova y tiene la apariencia de un faro celestial, debido a su luminosidad, que puede igualar por horas y días a la de la galaxia a la que pertenece. En el caso de estrellas supermasivas la masa restante, suponiendo una pérdida de materia en el orden del 90%, supera igualmente el límite de Chandrasekar y la contracción del denso núcleo que queda se repone inexorablemente. A partir de una supernova puede originarse una estrella de neutrones o púlsar[1] , por los núcleos de menor masa, o un agujero negro.

La estrella de neutrones, o púlsar, colapsa gravitacionalmente hasta el infinito, si la masa supera la densidad crítica.

Si el diámetro del núcleo se reduce a una veintena de kilómetros con una masa equivalente a uno o dos Soles, los espacios entre átomos se anulan, los núcleos atómicos entran en contacto y se transforman en neutrones.

Si en lugar de eso la masa del núcleo supera las tres masas solares (límite de Volkoff-Openheimer), o si la estrella de neutrones en un sistema binario atrae hacia sí la masa de la más cercana hasta superar tales límites, la fuerza gravitacional resulta tan fuerte que no permite que nada escape de su campo. La estrella moribunda se convierte por tanto en un agujero negro.

1) En 1967 se descubrieron las primeras fuentes que emitían ondas radio caracterizadas por pulsaciones breves y regulares. Por dicho motivo fueron denominadas erróneamente púlsar, o estrellas pulsantes. En realidad, los púlsar no son más que estrellas de neutrones, o núcleos colapsados de supernovas, que rotando a velocidades increíbles sobre sí mismas, producen en menos de un segundo ondas electromagnéticas.

Fue individuada por ejemplo un púlsar en la Nebulosa del Cangrejo. Emite relámpagos de radiaciones treinta veces por segundo, en sintonía con los impulsos de radiofrecuencia. En general las púlsar son demasiado débiles para ser visibles ópticamente.

El agujero negro: ¿por qué es negro?

<<...¡A ver si dejas de andar apareciendo y desaparecindo tan de golpe! ¡Me mareo! >

<< De acuerdo > dijo el Gato; y esta vez desapareció despacito, con mucha suavidad, empezando por la punta de la cola y terminando por la sonrisa, que permaneció allí, cuando el resto del Gato ya había desaparecido.

<< ¡Vaya!! Se dijo Alicia; He visto muchísimas veces un gato sin sonrisa, ¡pero una sonrisa sin gato! ¡Es la cosa más rara que he visto en toda mi vida! >>

Lewis Carrol,

Alicia en el país de las maravillas, cap 6

Como el gato de Carrol, que desaparece en la nada, dejando su sonrisa como señal de su misteriosa presencia, la estrella de neutrones colapsada también se desvanece con toda su materia en la oscuridad cósmica, dejando sólo la propia masa con su campo gravitatorio. Éso le permite atraer la materia circundante, que desciende a lo largo de trayectorias en espiral hacia el centro, se recalienta lo suficiente como para emitir radiaciones X, aumenta la masa del agujero negro y por tanto la intensidad de su campo gravitatorio.

El embudo espacio-temporal

El agujero negro en el espacio

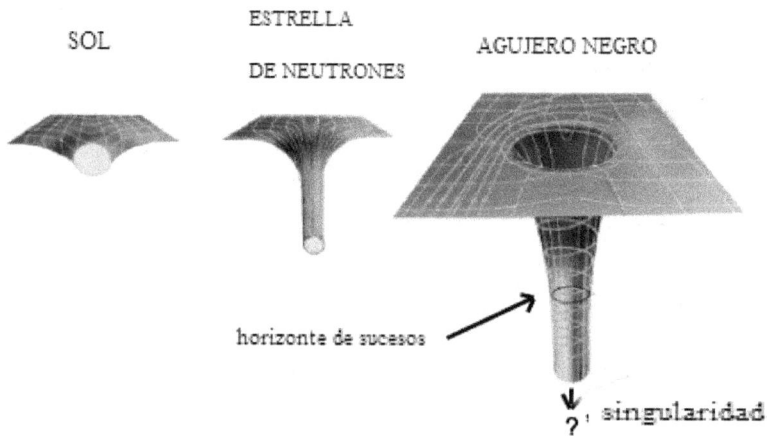

La masa gravitacional de un cuerpo es para Einstein una propiedad geométrica del espacio circundante.

El espacio bidimensional plano en ausencia de masa se representa como un folio de goma. En presencia de la masa poco concentrada de una estrella el espacio se curva, hasta formar un largo tubo si la masa está concentrada en un cuerpo de infinitas dimensiones. Las paredes, cada vez más empinadas, se vuelven paralelas e imposibles de subir.

La curvatura del espacio bidimensional en presencia de un agujero negro aparece como en la figura donde el objeto colapsado que determina el fuerte campo gravitacional se encuentra en el fondo del embudo.

La gran innovación de la teoría de la relatividad de Einstein es el haber indentificado en la geometría del espacio-tiempo el medio con el cual la energía impone su presencia a su alrededor.

Según la teoría de la relatividad general la masa de un cuerpo puede entenderse de dos maneras diferentes:

- Masa de un cuerpo en movimiento en un campo gravitacional;

- Masa que genera un campo gravitacional: masa gravitacional activa.

Nos ocuparemos de la masa gravitacional activa. Ahora demostramos cómo actúa en el espacio....

La energía crea gravitación y por tanto es una propiedad característica de cualquier estructura física: todos los cuerpos interactúan gravitacionalmente entre ellos.

El campo gravitacional de los agujeros negros es tan intenso que la luz más próxima se detiene a su alrededor en órbitas casi crculares.

Observamos la posición de una estrella en una noche cualquiera y anotamos las coordenadas.

Ahora medimos de nuevo la posición cuando el Sol se proyecta en sus proximidades. El rayo de luz provenente de la estrella se doblará siguiendo la curvatura del espacio determinada por la masa del Sol.

La estrella aparecerá en S' y no en S:

$4GM/rc^2$

Esto se verifica comparando las fotografías de un campo estelar durante un eclipse total y después, cuando el Sol ya no está en la zona: En la primera fotografía las estrellas aparecen más alejadas del punto del campo donde estaba el centro del Sol. Hoy dicho método se aplica en las fuentes de radio.

La luz se curva exatamente el doble de cuanto podría haber predicho Galileo si ésta se hubiera comportado como un grave en un espacio plano, o si se curvara sólo por un efecto gravitacional sobre su propia masa, teniendo en cuenta que la luz es energía, y la masa y la energía están unidas por la ecuación de Einstein ($E = mc^2$).

No habría hablado por tanto de un espacio curvo.

Si nos encontráramos en la superficie de una estrella de neutrones en fase de colapso, podríamos notar que el rayo de luz emitida por nuestro potente proyector se curvaría a causa de la gravedad hasta desaparecer dentro del agujero negro en formación.

¿Por qué sucede este fenómeno?

Cada cuerpo celeste, ejerciendo su poder de atracción gravitacional, tiene su propia velocidad de fuga, la velocidad límite que un objeto debe superar para poder escapar de su atracción. Ésta aumenta al aumentar su masa y al disminuir su rayo.

Para la tierra tal valor es igual a 11,2 km por segundo, para el Sol alcanza los 618 km/seg, pero en el caso de un agujero negro, la velocidad de escape supera a la velocidad de la luz.

Considerando la energía cinética de un objeto y su energía potencial, igual o superior a la energía de enlace, con M= Masa del cuerpo celeste y radio R, m= masa del objto, G= constante de gravitación de Newton:

$$\frac{1}{2}mv_k^2 = \frac{GMm}{R}$$

La velocidad de escape es:

$$\frac{1}{2}v_k^2 = \frac{GM}{R}$$
$$v_k = \sqrt{\frac{2GM}{R}}$$

Cuando la velocidad de escape es igual que la velocidad de la luz se habla de radio gravitacional o <<radio de Schwarzschild>> (r_*, es la distancia crítica en la que ni siquiera la luz puede salir del campo gravitatorio del agujero negro) $2GM/c^2$.

Los agujeros negros tienen un radio menor o igual al radio de Schwarzschild.

En el caso del Sol el radio de Schwarzschild es de 3 km, muy por debajo de su radio, igual o cerca de los 700.000 km.

El radio gravitacional del Sol:

$$R_q = \frac{2GM}{c^2} = 3(M/M_o)km$$

M_0 = masas solares

(una unidad de masa solar es igual a 2 x 10^30 kg)

Para que una entrella sea visible su radio real debe ser mayor que el radio gravitacional ($r > r_*$).

Cuando dicha condición no se respeta, el espacio se cierra en sí mismo. Se puede por tanto definir un agujero negro como una región del espacio-tiempo que no podrá alcanzar jamás el mundo externo.

La luz, y por tanto cualquier otra información, no podrán salir de la estrella. Este límite es llamado horizonte de futuros sucesos.

El horizonte de sucesos

El horizonte de sucesos es una superficie nula, tangente a todos los puntos del cono de luz, que puede atravesarse en un único sentido, como una membrana semipermeable. En un agujero negro ideal, con carga eléctrica y sin rotación, éste coincide con una superficie esférica o bastante esférica imaginaria que cubre el agujero negro, cuyo radio es igual al radio de Schwarzschild y depende de su propia masa.

r_+ : Es el horizonte externo de sucesos que separa los sucesos observables en el infinito ($r > r_+$) de los escondidos ($r < r_+$)

r_-: horizonte interno de Cauchy. Delimita la región que puede predecirse por el conocimiento de los datos inicialese de una superficie espacial $r>r_+$ (superficie de Cauchy).

La prueba de la existencia del horizonte de sucesos llega gracias a dos observatorios espaciales de la NASA: El Hubble Space Telescope y el Chandra X-ray Observatory.

Estudiando sistemas de novae y rayos X los astrónomos verificaron que los sistemas sospechosos de albergar agujeros negros emiten sólo un uno por ciento de la energía emitida por un sistema con una estrella de neutrones.

Gracias a Hubble los astrónomos han observado pulsos de luz ultravioleta, originaria de un gas incandescente, cuya secuencia decae rápidamente en forma de espiral alrededor de Cygnus XR-1. Lo que sería el índice de la presencia de un horizonte de sucesos.

Los efectos de la gravedad en el espacio y en la luz van mucho más allá de nuestra imaginación. En la página web de International Numerical Relativity Group: se pueden ver simulaciones matemáticas y modelos tridimensionales animados con los agujeros negros diseñados con las más sofisticadas tecnologías disponibles hoy en día, entre las cuales un código matemático de dominio público, el "cactus", y los ordenadores actuales más potentes.

INTERNATIONAL NUMERICAL RELATIVITY GROUP (http://jean-luc.aei.mpg.de/) nace de la colaboración entre los miembros del Laboratory for Computational Astrophysics de la National Center for Supercomputing Applications in Champaign-Urbana Illinois USA, de la Washington University Relativity Group in St. Louis Missouri, y del Max-Planck-Institut für Gravitationsphysik, Albert-Einstein-Institut en Potsdam, **ALEMANIA.** Usan superordenadores para estudiar los agujeros negros, las ondas gravitacionales , y el resto de fenómenos decubiertos por laT eoría de la Relatividad General de Einstein.

Los agujeros negros en el cine:

" The Black Hole " (USA 1979) de Gary Nelson: un científico "loco", jefe de la estación espacial Cygnus, persigue el sueño de violar los misterios del agujero negro.

¿Y si el agujero negro fuera una "puerta de estrellas"?

Entre las teorías que giran alrededor de los agujeros negros, la de los viajes en el espacio y en el tiempo es, para los apasionados de la ciencia y de la ciencia ficción, sin duda la más apasionante.Incluso famosas series de televisión, como la célebre X-Files de Chris Carter y Star Trek - Deesp Space Nine de Gene Roddenberry, han basado sus historias en distorsiones y túneles espacio-temporales. El agujero negro es por ahora el mejor candidato para el papel de *"stargate"*.

Dentro del agujero

> *<<Que reviente saltando hacia*
>
> *cosas inauditas o innombrables:*
>
> *ya vendrán otros horribles trabajadores;*
>
> *empezarán a partir de los horizontes*
>
> *en que el otro se haya desplomado>>*
>
> A. Rimbaud "Cartas del vidente "

Imaginemos que un explorador temerario se aventura hacia el interior de un agujero negro para estudiarlo. Atraído inexorablemente por la singularidad del espacio-tiempo, el astronauta sufrirá una aceleración de la gravedad entre la cabeza y los pies. De hecho sabemos que la atracción es directamente proporcional a la masa y también inversamente proporcional al cuadrado de la distancia.

Descuidando su masa y la distancia entre las dos extremidades del cuerpo, mínima respecto al radio gravitacional del agujero negro, estará sujeto a una fuerza:

F=F'-F"

de la cual, sustituyendo y poniendo como factor común:

F= 2GMmh/r^3.

Esto significa que el astronauta que se precipita por el agujero negro terminará brutalmente desgarrado, en un tiempo que varía según la masa del propio agujero. Si el agujero negro tuviera una masa igual a 10 mil millones de veces la del Sol (los agujeros negros galácticos), ¡el explorador viviría durante algunos minutos más!

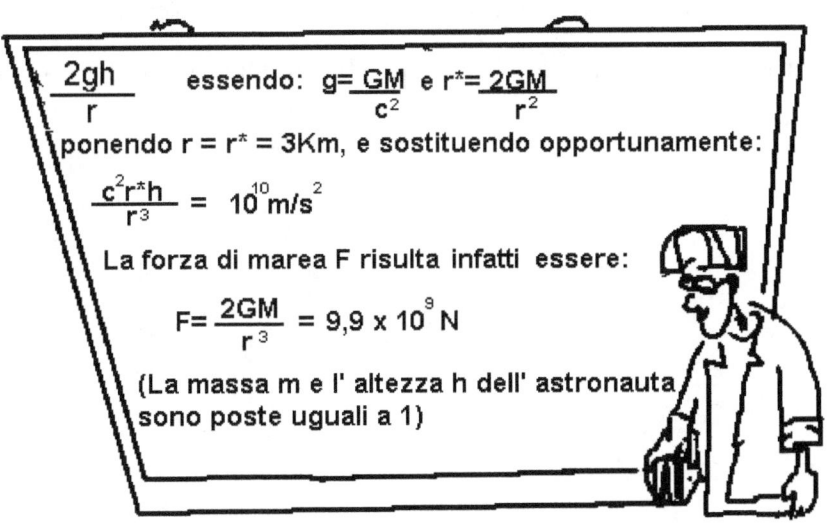

Si alguien observara de lejos la caída del temerario astronauta, sus gestos y movimientos serían cada vez más lentos, mientras que al contrario, si el explorador pudiera observar vería que los gestos y movimientos del observador son mucho más acelerados.

Un efecto del agujero negro es de hecho la "dilatación del tiempo", cuanto mayor es la distancia del agujero negro, mayor es la dilatación del tiempo.

A una misma distancia que la del radio gravitacional, el tiempo parece que se detiene. Esto se afirma cuando la oscilación de los fotones, que se ralentiza, es decir tiende la rojo, cuando se acerca a un agujero negro, equivale a la oscilación de los electrones de los átomos que los emitieron: su oscilación mide el tempo, por tanto, al disminuir su oscilación, el tiempo se ralentiza.

Clasificación de los agujeros negros

Permaneciendo en los límites de la relatividad de A.Einstein, es posible describir los agujeros negros según cuatro modelos matemáticos. Se han formulado muchas soluciones teniendo en cuenta los tres parámetros que definen un agujero negro: masa, momento angular y carga eléctrica.

Agujeros negros de Schwarzschild

(no giran y se caracterizan sólo por la masa, 1916).

Agujeros negros de Reissner-Nordstrom

(dotados de masa y carga eléctrica pero no giran, 1916-18).

Agujeros negros de Kerr

(dotados de masa y rotación pero no de carga eléctrica, 1963).

Agujeros negros de Kerr-Newmann

(se caracterizan por la masa, rotación y carga eléctrica, 1965), Este es el modelo de agujero negro más conocido, en cuanto a la solución de Schwarzschild aunque sea funcional, no tiene en cuenta la eventualidad real de que la materia colapsante pueda girar.

En cuanto a la rotación, la singularidad del agujero negro no corresponde a un punto sino a un anillo, en consecuencia habrá dos horizontes de sucesos. Alrededor del horizonte externo se formará la *ergosfera,* una zona en la cual el espacio tiempo no sólo se curva por efecto del intenso campo gravitacional sino que también entra en rotación.

En base a su masa, los agujeros negros pueden se pueden dividir en:

Agujeros negros *estelares* (masa igual a 3 masas solares)

Agujeros negros *intermedios* (masa igual a 500 masas solares, se cree que son la base de la formación de los agujeros negros supermasivos o galácticos).

Agujeros negros *galácticos* (de masa enorme, millones y millones de veces la del Sol. Se encuentran en el centro de las galaxias).

La física de los agujeros negros

Un agujero negro se llama estacionario cuando la geometría del espacio-tiempo y el campo electromagnético que genera no varían en el tiempo y se definen a través de tres únicos parámetros (teorema de *no-pelo):* el momento angular total J, la masa M, la carga eléctrica q.

$$\frac{J^2}{c^2 M^2} + \frac{G q^2}{4\pi \varepsilon_0 c^4} \leq \frac{G^2 M^2}{c^4}$$

Recordemos que c es la velocidad de la luz en el vacío (2,997925 x 10^8 ms^{-1}), G es la constante de gravitación (6,672 x 10^{-11} Nm^{2}Kg^{-2}, ε_0 la constante dialéctica en el vacío (8,85 x 10^{-12}).
Es necesario adoptar esta forma de inecuación:

$$a^2 + Q^2 \leq m^2$$

dónde: a=J/(cM),

$$Q = q(G/4\pi \varepsilon_0)^{\frac{1}{2}}/c^2$$

m=GM/c²

- Cuando a=m, r (horizonte externo)=r' (horizonte interno)=m, el agujero negro de Kerr

- Si a » 0 el agujero negro de Kerr equivale a un agujero negro de Schwarzchild;

- Cuando a > m las métricas de Kerr no admiten horizontes y por tanto no definen el agujero negro;

- Cuando a < m las métricas de Kerr definen un agujero negro en cuanto aceptan al menos un horizonte de sucesos futuro.

La validez de las soluciones triparamétricas de Kerr-Newman, se demuestran con el teorema de *no-hair* de W.Israel, B.Carter y D.C.Robinson (1967). Eso afirma que dos cuerpos diferentes, pero con la misma masa m, movimiento angular J y carga eléctrica Q, en caso de colapso gravitacional, darán vida a indistinguibles agujeros negros. Lo cual permite expresar la física de los agujeros negros a través de cuatro leyes fundamentales:

Leyes de la termodinámica de los agujeros negros

Ley cero) La gravedad superficial de un agujero negro estacionario es constante sobre todo el horizonte de sucesos.

Primera ley) Observa la siguiente imagen: la primer fórmula representa el área del horizonte de sucesos, la segunda su velocidad angular y la última su potencia.

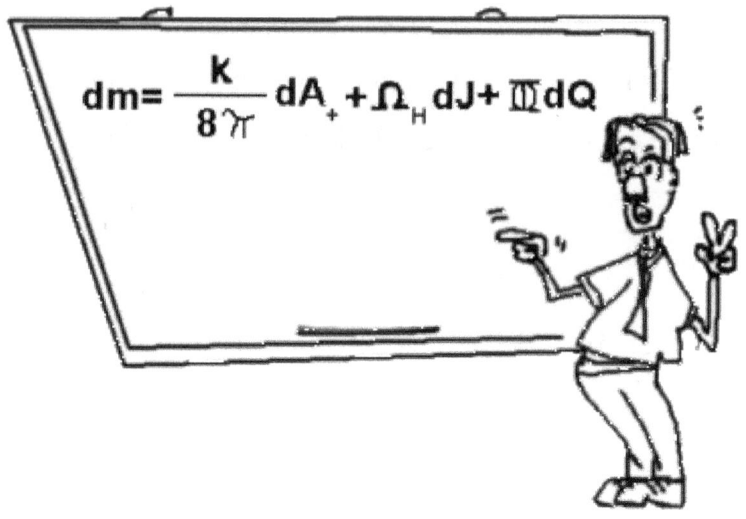

Los dos últimos sumandos de la expresión conforman el trabajo realizado por el agujero negro para aumentar su momento angular de dJ y si carga de dQ. En resumen, cuando el agujero negro se transforma de un estado a otro, la diferencia de energía del sistema es igual a la suma del trabajo realizado para cambiar rotación, carga y cambio del área del horizonte.

Segunda Ley) El área de un horizonte de sucesos no puede disminuir jamás, es decir $dA_+ > 0$.

Tercera ley) Teniendo en cuenta la relación formulada en base a las soluciones triparamétricas de Kerr-Newmann, en realidad es imposible llevar a un agujero negro al estado extremo, que sería:

$a^2 + Q^2 = m^2$

Esto es debido a la rigidez del horizonte de sucesos.

La suma de la cantidad del momento angular y la carga eléctrica de un agujero negro no podrá jamás igualar su masa.

> *Los agujeros negros en el arte:*
>
> Lucio Fontana (1899-1968), "Concepto espacial" 1964
>
> El "corte" de Fontana es "una fórmula espacial",
>
> la expresión de una nueva representación del espacio y del tiempo. Como los agujeros negros en la superficie espacio-temporal, los "cortes" y todavía más los "agujeros", los cuales trabajará entre 1958 y 1959 unen la parte de atrás de la tela con el de delante. El diafragma del cuadro se rasga, los bordes se doblan ligeramente hacia dentro y en el medio queda la oscuridad.
>
> <<Yo agujero, el infinito pasa por allí, la luz pasa a través>>.

La evaporación de los agujeros negros

<<He aquí lo enojoso del asunto>> —dijo Porthos—.

<<Antiguamente no teníamos que explicar nada.

Se batía uno porque se batía. >>

(A. Dumas. El vizconde de Bragelonne)

Hemos descrito un agujero negro como un cuerpo celeste del cual nada puede escapar, ni siquiera la luz. En realidad el agujero no es del todo negro:un agujero negro en formación emite partículas en una cantidad inversamente proporcional a su masa, como un cuerpo negro a la temperatura dada..

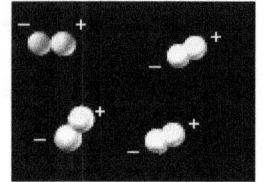

S. Hawking, en 1974, dio a conocer a la comunidad científica la sensacional teoría por la cual un agujero negro en formación emite una radiación con espectro térmico, a distancia asintótica (tendiendo a 0) de la de origen (radiación de Hawking). El descubrimiento de Hawking demostraba que los agujeros negros, en otras palabras, tienen su propia temperatura y pueden evaporarse hasta desaparecer.

La emisión es térmica, con una temperatura directamente proporcional a la gravedad superficial del agujero negro. En el caso de un agujero negro ideal, la temperatura resulta inversamente proporcional a la masa, cuanto más pequeño es el agujero negro, más caliente está. Para comprender como eso puede ser posible es necesario recurrir a la mecánica cuántica: ya que la física clásica en este caso no es de ayuda.

Los orígenes del Big Bang:

Por el principio de indeterminación de Heisenberg, en el vacío se forman parejas de partículas y antipartículas, (pares virtuales) que violan así el principio de conservación de la energía durante un tiempo infinitesimal (6,5 x 10^-22 s) pero no el de la conservación de las cargas:

$$\Delta E x \Delta t \leq \frac{h}{2\pi}$$
$$\Delta E = mc^2$$
$$\Delta t = 6,5 \times 10^{-22} s$$
$$h = 6,626 \times 10^{-34} Js$$

Ésto quiere decir que la forma en la que se comprende comunmente el vacío, en realidad no exista. El vacío en su concepción clásica, viola el principio de Heinsemberg, según la cuál no es posible conocer, contemporáneamente, la posición y velocidad de una partícula: todos los valores, en el vacío, serían igual a cero. El vacío en su lugar, está formado por parejas virtuales, que no se ven pero se pueden medir, de partículas y antipartículas.

En las proximidades de un agujero negro los pares virtuales pueden dividirse, una de las partículas o antipartículas puede traspasar el horizonte de sucesos mientras que la otra, privada por su contraparte, puede alejarse y volverse real, así como estas parejas llegaron, supuestamente, divididas y alejadas de la fuerza de expansión del espacio al origen del universo.

La energía necesaria para crear todas estas partículas y la energía gravitacional de la singularidad inicial del espacio-tiempo. Para que esto suceda, la partícula virtual tiene que producirse a una distancia tal que:

$$|E^2| < 1/d$$

$$d = r[(r-2m)/2k]^{1/2}$$

($k=1/4m$ es la gravedad superficial según la métrica de Schwarzschild.)

La impresión es que la partícula que escapa del agujero negro y se vuelve real, por tanto visible, es emitida por el agujero negro.

Sin embargo, la partícula visible ha sido emitida por el espacio circundante del horizonte de sucesos.

Según la famosa ley $E=Mc^2$, 1 partícula, al caer dentro del agujero negro, sustrae su masa a la del agujero negro, y éste al perdera, se vuelve más pequeño y más caliente, aumentando como hemos dicho antes, su capacidad de radiación térmica.

Un agujero negro necesita $6,7 \times 10^{66}[(M/M°)^3]$ años para irradiar toda su masa.

Llegados a este punto, se supone que la información capturada por el agujero negro, los cuerpos celestes, las partículas, la luz, nuestro astronauta temerario, ya no se pueden restituir, ya que el agujero negro puede evaporarse hasta desaparecer. Ésto violaría uno de los conceptos fundamentales de física de las partículas: una de las tantas preguntas todavía sin responder de los agujeros negros.

Energía del agujero negro

El agujero negro, como lo describe Kerr, se caracteriza por una área llamada ergosfera, en la cual cada cuerpo o partícula no puede permanecer a una distancia fija del agujero negro pero está forzada a participar en su rotación, preservando la posibilidad de escapar de su atracción gravitacional.

Si una de las parejas virtuales de partículas E entra en la ergosfera, superando el límite estacionario donde está nuestro astronauta a una distancia de observación, ésta puede separarse en dos partículas cargadas de energía E_1 y E_2, de las cuales, pongamos E_2 es capturada por la atracción gravitacional del agujero negro hasta desaparecer en el horizonde de sucesos, mientras que la otra, E_1, es capaz de escapar llevando consigo más energía de la que tenía antes.

Por el principio de conservación de las cargas, con pérdidas de masa y rotación del agujero negro:

$E = -E_2 + E_1$ da cui $-E_1 = -E - E_2$ o

$E_1 = E + E_2$

Veámos en detalle este proceso de "estracción de energía" del agujero negro, con el apoyo de la siguiente ilustración:

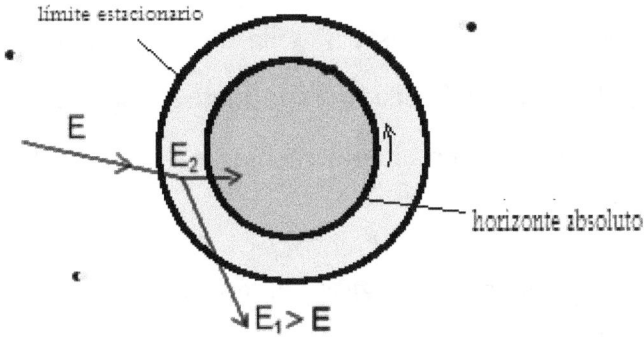

E= E₁ + E₂ (flujo de energía o partícula original) Una de las parejas virtuales que caracterizan el estado cuántico del vacío.

A mayores distancias de d del horizonte de sucesos la pareja se destruye.

Pero a una distancia d la partícula negativa con energía $E_2 < 1/d$ puede ser absorbida por el agujero negro; a distancias menores pueden serlo ambas partículas + e -.

E₁= flujo de energía positiva medible hasta infinito >E. El agujero neglo amplifica la ola que lo enviste a través de la rotación, y la partícula positiva (con el momento angular concorde con el del agujero negro).

Si la masa del agujero negro tiende al infinito, la emisión espontánea desaparece pero persiste aquella de las partículas de movimiento angular menor (emisión espontánea). La partícula positiva también puede caer en el agujero negro =>¡JUNTO a la partícula negativa!

Pero si es capaz de escapar de la región cercana al agujero negro gracias a su E positiva, se convierte en una partícula real visible.

E_2 = flujo de energía entrante negativa.

Extrae energía rotacional o electromagnética del agujero negro.

A la caza de los agujeros negros

<<Existen en el cielo cuerpos negros, grandes cuanto las estrellas y tal vez igual de numerosos.>>

Pierre - Simon De LaPlace (1796)
"Exposición del sistema del mundo"

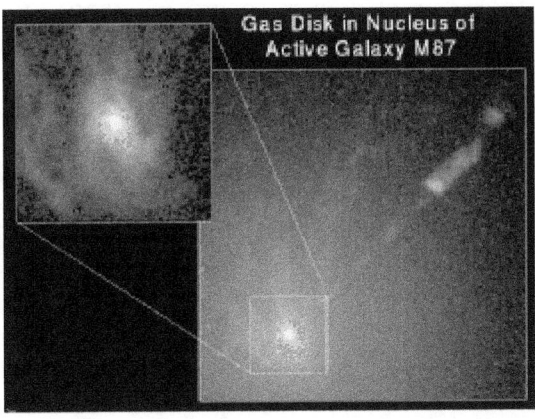

Previstos por la teoría de la gravedad de Einstein y de la teoría de Brans Dicke-Jordan, considerada la rival más seria de la teoría de la relatividad en general, los agujeros negros fueron descubiertos teóricamente por primera vez por Openheimer y Snyder en 1939. Pero sólo a apartir de 1971 se empezó a hablar seriamente de agujeros negros, gracias a las observaciones astronómicas, al estudio de las líneas espectrales y de las fuertes emisiones de rayos X a intervalos de 1/1,000 de segundo, percibidos por el observatorio espacial Uhuru: se trataba del *Cignus X-1*. La primera prueba de la existencia de agujeros negros a 800 años luz de la tierra.

Como sabemos, los agujeros negros son invisibles, a menos que se observen los efectos de su intensa fuerza gravitacional en el espacio-tiempo que lo circunda.

Una de las técnicas más usadas en la búsqueda de agujeros negros es la de observar sistemas binarios que presenten una fuerte emisión de rayos X. Estos estarían originados por las altísimas temperaturas de los gases estalares capturados por el agujero negro, a cientos de millones de grados. Dichos gases son atraídos por el movimiento del vórtice hacia el agujero negro, que les atrapa y dispone alrededor como un "disco de acrecimiento", en el que las partes externas rotan más rápido que las internas.

Cignux X1, donde este fenómeno es visible, forma parte de un sistema binario en el que una supergigante acompaña a un agujero negro de una masa igual a cinco o seis veces la del Sol.

El telescopio espacial XMM-Newton detectó la radiación X de un agujero negro en rotación. Masao Sako (Columbia University-New York) pudo interpretar así los espectros registrados por el observario de ESA. La radiación se encuentra alejada de la frecuencia estándar y la justificación más plausible es la del gas cósmico a altas temperaturas en órbita a la velocidad de la luz alrededor de un agujero negro. Sólo en caso de rotación, el agujero negro, atrayendo las masas, confiere a los gases la envoltura en espiral hacia sus ejes de rotación . Otros candidatos para acoger o ser agujeros negros son: la galaxia M87, en la constelación de la Virgen, con una masa 5 millones de veces la del sol; la galaxia NGC4261; los cuerpos celestes LMCX-1 y LMCX-3 en la gran nebulosa de Magallanes a 150.000 años luz de la tierra, y Sagitario A. en el centro de la Vía Láctea, de 3,5-5 masas solares;

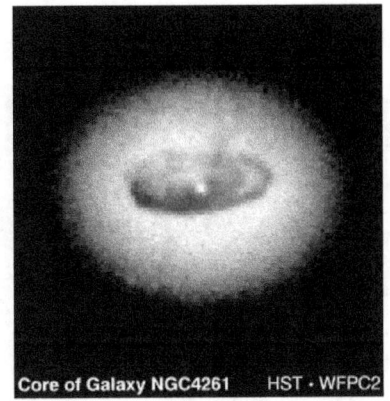

Los astrónomos de UCLA (University of California-Los Angeles) descubrieron en 2005 millones de agujeros negros, a unos 26.000 años luz de la tierra, usando el Chandra X-ray Observatory de la NASA, la agencia especial estadounidense.

Los agujeros negros supermasivos de las mayores galaxias, con una masa comprendida entre 1 y 10 mil millones de masas solares, se identifican por la rápida rotación del núcleo de la propia galaxia y de la emisión de rayos X y, posiblemente, rayos gamma flotantes.

Estos últimos fueron detectados principalmente por el Compton Gamma Ray Observatory, También el Very Large Telescope detectó un sutil disco de gas alrededor del núcleo de Centaurus A, un galaxia situada a 11 millones de años luz de la tierra.

Además, un dato todavía más sorprendente es que las medidas tomadas en el centro de la galaxia, ¡muestran que el objeto supermasivo alojado pesa más de 200 millones de masas solares!

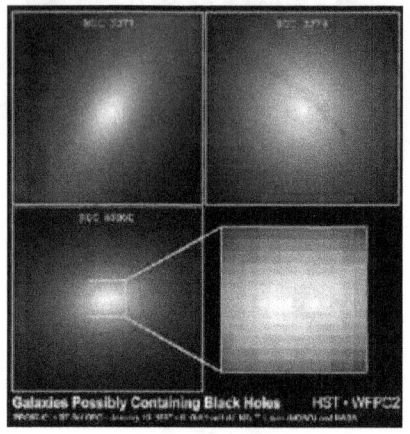

Las observaciones del astrónomo Douglas Richstone (Michigan) realizadas con HST parecen confirmar la hipótesis de que los agujeros negros supermasivos residen en el núcleo de las galaxias espirales: de una muestra de 30 galaxias sólo una de ellas no contenía agujero negro.

E n base a la hipótesis de los agujeros negros supermasivos del centro de muchas galaxias elípticas cabe decir que existe otro valor en la relación entre masa y luminosidad (directamente proporcional): alrededor de 70.

Para las galaxias espirales, como la nuestra, el valor de la relación M/l es muy inferior, incluso menor de 10. En el 2008, por ejemplo, XMM-Newton X-ray space telescope identificó, en la galaxia ESO 243, a unos 290 millones luz de la tierra, un objeto extremadamente luminoso, llamado HLX-1 (Hyper-Luminous X-ray source 1).

La extrema luminosidad implica la presencia de un agujero negro con una masa comprendida entre las 10^2 y 10^5 masas solares.

El descubrimiento ha permitido que, por primera vez, se pueda confirmar la existencia de agujeros negros de dimensiones intermedias, un camino medio entre agujeros negros supermasivos, probablemente formados por otros agujeros negros intermedios, que se colocan en el centro de la galaxia con masas del orden de millones de veces la de nuestra estrella, y agujeros negros de dimensiones estalares (de 3 a 20 veces la del sol).

Otro indicador de la presencia de agujeros negros son los fenómenos de las lentes gravitacionales, fuertes distorsiones en la observación del universo, que se explican con la atracción ejercida sobre la luz, que se dispone de forma circular alrededor del agujero negro.

Recientemente, en marzo de 2008, los astrónomos de la NASA calcularon la masa del agujero negro más pequeño descubierto hasta ahora: la medida era de 3,8 masas solares y un diámetro de 15 millas, muy cerca de las dimensiones mínimas requeridas para los agujeros negros derivados de la etapa terminal de las estrellas. Éste reside en un sistema binario de la Vía Láctea, denominado XTE J1650-500, en la constelación de Aries. Para calcular la masa, los estudiosos han utilizado los datos del X-Ray Timing Explorer (RXTE), capaces de medir la variación de emisiones de radiaciones X, de acuerdo a un patrón que se repite regularmente, llamado QPO (*quasi-periodic oscillation*). La frecuencia de estas oscilaciones resultan ser proporcionales a la masa del agujero negro.

Los agujeros negros de dimensiones muy pequeñas, según S.Hawking serían los restos de agujeros primordiales en fase de evaporación: idealmente, el agujero negro más pequeño tiene una masa de 10 millones de toneladas, concentrada en un espacio con un diámetro inferior a un milímetro.

Finalmente, en 1964 Novikov hipotizó que algunos fragmentos de Big Bag no habían explotado: estos constituirían los agujeros blancos, caracterizados por una expansión explosiva acompañada de una intensa liberación de energía. Estos fenómenos se han observado en muchas galaxias en formación.

(*imágenes web de la Nasa*)

Los viajes en el espacio-tiempo

¿"La teoría de Einstein es una locura extravagante?

Seguramente sí"

The New York Times, 1921

El problema del viaje en el tiempo está estrechamente unido a los orígenes del moderno género narrativo de la ciencia ficción. Se recuerda por ejemplo el cásico romance de Mark Twain "*Un yanqui en la corte del rey Arturo*", donde un americano del siglo XIX fue catapultado a la Inglaterra medieval, pero sobre todo "*La máquina del tiempo*" de H.G.Wells, en la cual se manifiesta el sufrimiento del autor por el destino del hombre

Una versión bastante menos dramática de la creación de Wells la retrata el cine con la comedia de Robert Zemeckis "*Regreso al futuro*" de 1984.

Pero los viajes en el tiempo no son sólo una creación de la ciencia ficción. Fue el propio Einstein el que afirmó que el problema de la posibilidad de los viajes en el tiempo

<< me molesta ya desde el momento en que construí la teoría de la relatividad general, sin ni siquiera aclararlo...Será interesante considerar si estas [soluciones] no deban excluíse por razones físicas >>[a]

Los agujeros en los cómics:

NATHAN NEVER - UN NUOVO FUTURO (Albo Gigante n° 3 1998, Sergio Bonelli Editore)

"...Nosotros del Dakkar tenemos un privilegio.... el de encontrar a lo largo de nuestra ruta el vórtice luminoso que está delante y que se ve reproducido en esta proyección holográfica...sometido a un atento análisis, el vórtice demostró ser un agujero negro ampliado, sometido a una "inyección" de materia protoestelar...

no conocemos el origen, pero lo que vemos es un desgarro a través del tiempo y el espacio..."

a)*Albert Einstein scienziato e filosofo* di A. Gamba, Boringhieri

Los conceptos de Espacio y Tiempo

Espacio y tiempo en la relatividad de Einstein y sus paradojas

Normalmente imaginamos el espacio como un plano geométrico de tres dimensiones:

1) Longuitud x

2) Altura y

3) Profundidad z

En realidad el espacio se caracteriza por una cuarta dimensión: el tiempo.

El tiempo es un concepto relativo, ya que la percepción del paso del tiempo no es la misma para todos los observadores.

Mientras que para Galileo y Newton existía un tiempo absoluto **t** totalmente independiente del sistema de referencia, en la teoría de la relatividad especial (1905) de Einstein no sólo corresponde una coordenada **x** diversa, sino también un tiempo **t** diferente para cada sistema de referencia.

Es decir, dos sucesos que ocurren al mismo tiempo en dos lugares diferentes para un observador, no tienen que ser necesariamente simultáneos para un segundo observador en movimiento respecto al primero. Por tanto el "ahora", el "antes" y el "después" son conceptos relativos, como el de la "contemporaneidad".

Veamos un ejemplo:

"Si te fijas en el viajero del tren que lee el periódico:

para cualquier observador que se encuentre en el tren, el viajero lee el título y el final de un artículo siempre en el mismo lugar pero en instantes diversos; sin embargo para los observadores que se encuentran en un sistema fijo, a lo largo de la línea ferroviaria, fuera del tren, el viajero lee el título y el final del artículo en dos lugares a varios kilómetros de distancia".

Constatando además que la velocidad de la luz, medida, resultaba ser la misma para todos los observadores, independientemente de sus movimientos relativos (no pueden tener la impresión de que su velocidad disminuye, como puede sucederle a un conductor que sigue a un tren a más velocidad y ve al convoy más lento de lo que es en realidad, es decir advierte sólo la diferencia de velocidad). Einstein obtiene también las siguientes cuatro consecuencias del espacio, tiempo y materia:

a)Por cada objeto en movimiento, respecto al observador, el tiempo medido parece ralentizarse. Si dos personas se mueven a gran velocidad la una respecto a la otra, cada una ve el reloj de la otra ralentizarse.

Se ha comprobado que relojes atómicos transportados a grandes alturas a bordo de aviones a gran velocidad ¡quedan atrasados respecto a los que están en la tierra!

b) Los objetos medidos mientras están en movimiento se contraen. O mejor, si dos personas se mueven a gran velocidad una respecto a la otra, cada una ve a la otra reducirse hacia la dirección del movimiento.

c) Los cuerpos dotados de masa son cada vez más "pesados" respecto a la velocidad que llevan, tendiendo al infinito casi a la velocidad de la luz. (por la conocida fórmula $E=mc^2$, la energía coincide con la masa).

d) El espacio y tiempo están estrechamente unidos, juntos forman un sistema cuadrimensional absoluto.

Es la velocidad de la luz la que define la conexión entre espacio y tiempo. Dicha reciprocidad se suele indicar en astronomía con el "año-luz", $9,46 \times 10^{12}$ km, que indica la distancia recorrida por la luz en el plazo de un año.

Una de las estructuras fundamentales del espacio-tiempo es el cono de luz, es el conjunto de dos conos abiertos por la base, unidos continuamente en el vértice y orientados en el sentido opuesto.

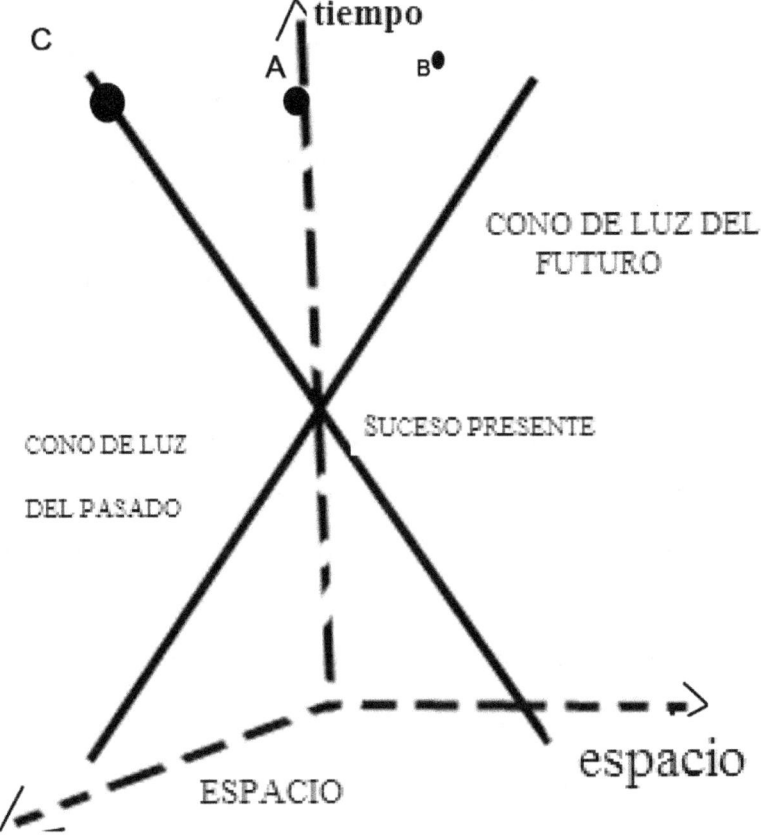

Un cono señala todo lo que está en el pasado causal del suceso, que se encuentra en su vertice, mientras que el otro indica la región del espacio-tiempo que se puede alcanzar en su futuro.

Cada punto tiene su cono de luz y por tanto, ya que en la naturaleza todo evoluciona de forma local del pasado al futuro, la historia corporal de cada cuerpo está descrita por una línea (la línea-universo) que se extiende siempre del pasado al futuro (por ejemplo en dirección a A o B), permaneciendo dentro de los conos de luz. Los bordes de los conos sólo pueden ser recorridos por la luz, que representa los límites (movimiento hacia C)

Por ejemplo, si el suceso descrito fuera la muerte del Sol, la Tierra la no se vería afectada inmediatamente, ya que se encontraría fuera del cono del futuro, en "otro lugar". La tierra sería alcanzada por la luz pasados ocho minutos. Se deduce que el Universo que observamos hoy es el mismo que el del pasado, porqué la luz tarda en llegar hasta nosotros. Todos los puntos de un agujero negro son externos al pasado causal del universo, es decir, no pertenece al conjunto de puntos que forman el cono de luz del pasado. En definitiva esto significa que nada puede escapar de un agujero negro.

Por último, para que un explorador pueda viajar al pasado de su coetáneo, ocurre que en un determinado momento, sus conos de luz se invierten recíprocamente, de como que el cono del futuro del primero se oriente en el sentido del cono pasado del otro. Esto es posible sólo si el primer observador se encuentra en un espacio fuertemente distorsionado respecto al otro y atraviesa un campo gravitacional de infinita intensidad. En realidad las ecuaciones de Einstein proporcionan numerosas soluciones que dan vida a otras muchas y contradictorias teorías, las cuales deben estar atentamente relacionadas con el bagaje lógico que proporciona la ley de la física clásica. Eso no excluye que tales requisitos de plausibilidad no varíen con el tiempo, como efectivamente demuestra la historia de la física moderna.

A partir de estas presuposiciones se desarrolla la teoría del puente Einstein-Rosen

El espacio curvo implica, además de la relativización del concepto de tiempo, un segundo fenómeno todavía más interesante en relación a los viajes espaciales: una línea recta no es necesariamente la menor distancia entre dos puntos.

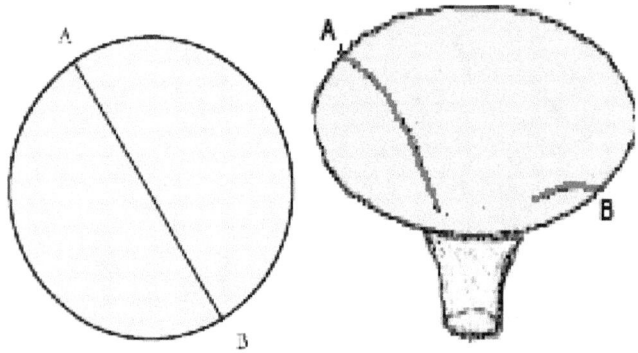

Normalmente la distancia más corta entre dos puntos A y B situados en los lados opuestos del círculo, dibujado en un folio de goma eva, se da en la línea (geodésica) que los une pasando por el centro del círculo. Pero si el folio se deforma en el centro, el recorrido AB más corto es la circunferencia. Pero nosotros no somos capaces de percebir directamente la curvatura del espacio: es como si viéramos el círculo deformado en el centro del otro. La línea de A a B tendría un aspecto similar a una línea recta y al recorrerla no nos daríamos cuenta que desciende a lo largo de la superficie del folio de goma eva. La realatividad general admite que puedan darse tales curvaturas del folio espacio-temporal por las que se crean galerías de unión.

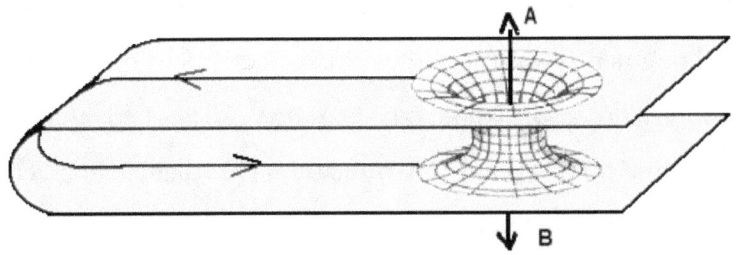

Sin embargo, si la hoja está curvada, de forma que A se superpone a B, la distancia menor entre dos puntos se convierte en la línea recta que une los dos puntos.

La solución de Schwarzschild describe la posibilidad de que una fuente puntual como un cuerpo no rotante de masa infinitesimal y volúmen nulo, genere dos universos idénticos entre ellos unidos por un agujero de gusano, llamado "puente de Einstein-Rosen". Dicha parte no es transitable, por la presencia de la fuente o singularidad. El límite infranqueable constituye en este caso el horizonte de sucesos. Hipotéticamente, el túnel podría ser construído también por la fusión de la singularidad de dos agujeros negros (singularidad desnuda), llamado "puente de Einstein-Rosen" o "wormhole". La relatividad general admite tal posibilidad, pero limita la duración del tiempo en breves intervalos, con el riesgo para el explorados de terminar la carrera en una de las dos singularidades y desintegrarse. (ver soluciones del diagrama de Penrose-Carter)

Por tanto, si el agujero negro es el ingreso de dicho tunel, la salida es necesariamente un agujero blanco.

Fue primero el astrofísico Novikov, en 1964, quién formuló la teoría por la cual "fragmentos" de la singularidad inicial del universo (Big Bang)hubieran sido expulsados sin explotar. Estas "fuentes" se comportan como un big bang en miniatura y se llaman, agujeros blancos. Los mejores candidatos son los cuásares y los núcleos de galaxias elípticas gigantes y las galaxias de Seyfert (galaxias en cuyo centro se producen fuertes explosiones que lanzan la materia interestelar a una velocidad de 5000 Km/s, observados con espectroscopios).

La existencia de agujeros blancos resolvería el problema de la pérdida de información. Tal como propueso Hawking, las informaciones cósmicas absorbidas por el agujero negro, se pierden en el momento en que éste desaparece por evaporación. Pero si la materia pasara por universos paralelos o por otras partes del propio universo, no existiría la paradoja de la información temida por los físicos. En términos cuánticos, a niveles infinitesimales, se abre la posibilidad que la estructura espacio-temporal propia del universo se caracterice por fluctuaciones espontáneas de la geometría, de forma que se crean y desaparecen nuevos puentes continuamente.

El diagrama de Penrose-Carter

Las soluciones para los viajes en el tiempo

Según las soluciones matemáticas de Kerr se ha admitido la posibilidad de viajes en otros universos, a través de un agujero negro.

La única condición es que la luz viaja en una recta a 45° (L): por tanto los posibles viajes de un hipotético explorador en el espacio-tiempo son sólo aquellos comprendidos entre t(s) y la recta de 45°. El viaje C requiere, una velocidad superior a la de la luz.

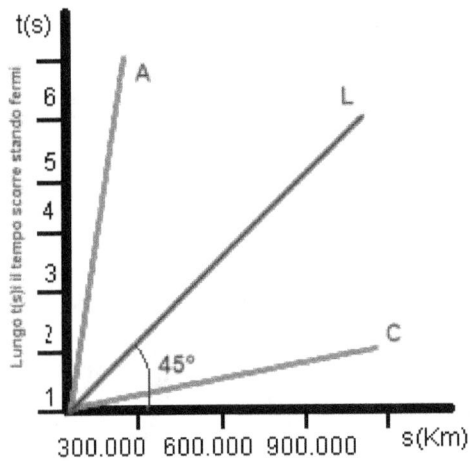

En el siguiente diagrama, los dos universos A y B se superponen sólo en el punto de fusión de la singularidad o "garganta de Einstein-Rosen".

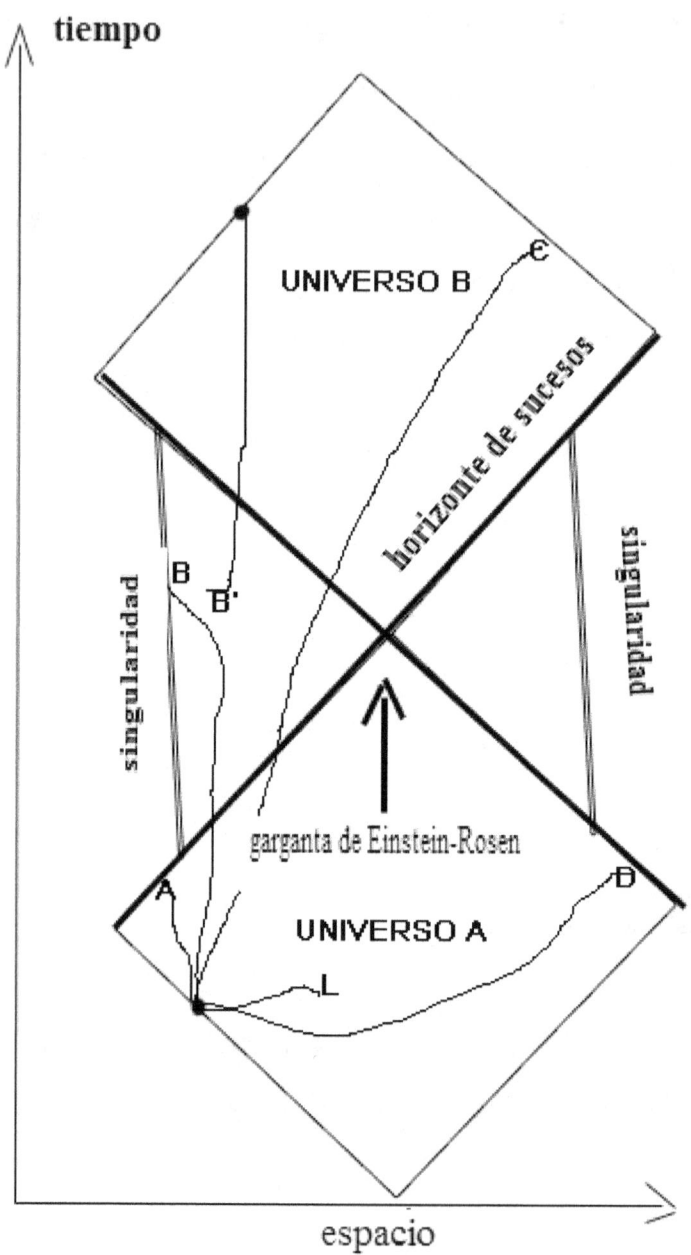

Las dos rectas perpendiculares que se cruzan en el centro del diagrama de Penrose-Carter y todo el resto de ejes paralelos representan los dos horizontes de sucesos encontrados por Kerr (el segundo horizonte, llamado de Cauchy, es interno y señala el límite de la región que puede ser pronosticado por el conocimiento de los datos iniciales sobre una superficie espacial r>r_*).

Según Kerr, además, se puede atravesar el horizonte de sucesos sin caer necesariamente en la singularidad.

Las rectas consideradas formas tres regiones:

Tipo I) Las áreas comprendidas entre universos externos, como el nuestro y el primer horizonte.

Tipo II) Las áreas entre el primero y segundo horizonte

Tipo III) las áreas entre el segundo horizonte y la singularidad;

El diagrama puede continuar indefinidamente con el mismo esquema, conectando infinitos universos.

Sólo el viaje C permite alcanzar un segundo universo sin desintegrarse en la singularidad o reaparecer después de infinitos viajes en nuestro universo, en lugares o tiempos diversos de la salida inicial.

El mismo diagrama se puede adaptar a la solución de Schwarzschild: en este caso no es posible alcanzar un segundo universo, pero se admite la posibilidad de que un astronauta que provenga del universo

B, en su viaje por B´ pueda encontral al viajero B proveniente del universo A, antes de caer en la singularidad.

El agujero negro es por ahora el mejor candidato para el papel de *"stargate"*.

Qué nos depara el futuro

El camino hacia el descubrimiento y comprensión de los fenómenos de los agujeros negros es todavía largo y complejo.

Recientemente, se ha intentado encontrar solución a los evidentes límites de la relatividad general y de la cuántica, que se encuentran desnudos ante los agujeros negros y de las paradojas que éstos inspiran.

Una de las posibles soluciones es la teoría de las cuerdas, desarrollada en los años setenta pero aplicada a los agujeros negros en los años noventa. Según esta teoría, la unidad fundamental del universo ya no son las partículas, sino cuerdas unidimensionales que al moverse generan espacios multidimensionales.

Una evolución de dicha teoría es la teoría M, que considera las membranas como unidad fundamental, que generan un volúmen-universo en el espacio-tiempo.

En estos espacios alas membranas pueden incluso oscilar.Cálculos como los de Vafa y Strominger parecen abrir nuevas espirales para el conocimiento de los agujeros negros, el fenómeno más fascinante y misterioso del espacio-tiempo, un verdadero desafío para la ciencia y el conocimiento.

Fuentes:

An intermediate-mass black hole of over 500 solar masses in the galaxy ESO 243-49 Sean A. Farrell1,2,4, Natalie A. Webb1,2, Didier Barret1,2, Olivier Godet3 & Joana M. Rodrigues1,2 Nature 460, 73-75 (2 July 2009)

Big Bang - origine e destino dell'universo Trinh Xuan Thuan Universale Electa / Gallimard (1993)

Buchi neri e Universi paralleli in Le Scienze n° 348 – 1997 a cura di Fernando de Felice Le Scienze

Chandra X-ray Center (2005, January 12). Chandra Finds Evidence For Swarm Of Black Holes Near The Galactic Center. ScienceDaily. Retrieved August 26, 2009, from http://www.sciencedaily.com/releases/2005/01/050111114024.htm

Cosmic evolution during primordial black hole evaporation Winfried Zimdhal *e* Diego Pavon *"astro-ph" Nasa 1998*

Dal Big Bang ai Buchi Neri di Stephen HawKing, Rcs Rizzoli Libri (1988)

Dialogo sul tempo relativistico (e sui buchi neri) *in* La fisica nella Scuola n°3 – 1984 *a cura di* Elio Fabri Istituto di Astronomia dell'Università Pisa

Durham University (2008, September 17). Scientists Find Black Hole 'Missing Link'. ScienceDaily. Retrieved August 26, 2009, from http://www.sciencedaily.com-/releases/2008/09/080917145139.htm

E se non esistessero? *in* Scienza & Vita n°5 – 1995 di Renaud De La Taille, Rusconi Editore

Esplosioni galattiche colossali *in* Le Scienze n° 331- 1996 *a cura* di S.Veilleux, G.Cecil, J.Bland-Hawtorn, Le Scienze

Evidence for a Massive Black Hole in the SO Galaxy NGC 43442 Nicolas Cretton *e* Frank C. van den Bosch *"astro-ph" Nasa 1998*

I buchi neri e il paradosso dell' informazione *in* Le Scienze n° 346 – 1997 a cura di Leonard Susskind Le Scienze

Il Buco Nero Al Centro Della Nostra Galassia di Fulvio Melia, Bollati Boringhieri Editore (2005)

Il cuore oscuro dell' universo di Lawrence M. Krauss, Mondadori-De Agostini (1990)

Il recalcitrante padre dei buchi neri *in* Le Scienze n° 336 – 1996 a cura di Jeremy Bernstein Le Scienze

Incontro con una stella di Robert Jastrow, Mondadori-De Agostini (1990)

I misteri del tempo Paul Davies A.Mondadori S.p.A. Fondamenti di fisica 3 Paul A. Tipler Zanichelli

La natura dello spazio e del tempo *in* Le Scienze n° 337 – 1996 *a cura di* S.Hawking *e* Roger Penrose Le Scienze

La scienza nel pensiero di Leopardi *in* Le Scienze n° 357 – 1998 a cura di Sandro Modeo Le Scienze

Le scienze matematiche e l'astronomia *a cura di* Maurice Dumas, *brano di* Margherita Hack Universale Laterza

L'Universo che fugge Paul Davies, Mondadori- De Agostini (1979)

Luci e ombre sull'universo Vincenzo Croce Paravia (1981)

NASA/Goddard Space Flight Center (2008, April 2). Smallest Black Hole Ever Discovered Has Amazing Tidal Force. ScienceDaily. Retrieved August 26, 2009, from http://www.sciencedaily.com-/releases/2008/04/080401141549.htm

Nascita e morte delle stelle *in* Le Scienze-Quaderni n°99 – 1997 *a cura di* Franco Pacini Le Scienze

Ohio State University (2005, March 2). Astronomers Measure Mass Of Smallest Black Hole In A Galactic Nucleus. ScienceDaily. Retrieved August 26, 2009, from http://www.sciencedaily.com-/releases/2005/02/050223152854.htm

Spazio, tempo e relatività *in* Le Scienze-Quaderni n° 97 – 1997 *a cura di* Fernando de Felice, Le Scienze

Supermassive Black Holes in Early-Type Galaxies: Relationship with Radio Emission and Constarints on the Black Hole mass Function di A. Franceschini, S. Vercellone, A. C. Fabian *"astro-ph" Nasa 1998*

University Of California - Los Angeles (2005, January 11). Astronomers Find Evidence For Tens Of Thousands Of Black Holes. ScienceDaily. Retrieved August 26, 2009, from http://www.sciencedaily.com-/releases/2005/01/050111090506.htm

Links:

- http://www.esa.it/ Ente Spaziale europeo
- http://damtp.cam.ac.uk/user/hawking   Stephen hawking Home Page
- http://www.nasa.gov Ente Spaziale americano
- http://xxx.lanl.gov/abs/astro-ph   *The Astrophysical Journal Letters*
- http://www.batse.msfc.nasa.gov/ BATSE Colloquium Series Studio sui raggi gamma
- http://oposite.stsci.edu/pubinfo/ Hubble Space Telescope News
- http://www.aas.org/ American Astronomical Society

- http://science.msfc.nasa.gov/ Marshall Space Flight Center

- http://einstein.stanford.edu/ Gravity Probe-B

- www.bradley.edu/las/phy/solar_system.html Falling into a Black Hole

- http://casa.colorado.edu/~ajsh/schw.shtml Virtual Trips to Black Holes and Neutron Stars

- http://antwrp.gsfc.nasa.gov/htmltest/rjn_bht.html

Apéndice

GLOSARIO DE TÉRMINOS UTILIZADOS

Átomo

> Es la parte más pequeña de un elemento químico, como el hidrógeno, el helio o el carbono. Los átomos están constituidos por un núcleo compacto circundado por uno o más electrones.

Agujero negro

> Es lo que queda de una estrella supermasiva colapsada. Se caracteriza por tener una gravedad tan fuerte que ni siquiera la luz puede escapar de su acción. Para escapar del agujero negro se necesita una velocidad mayor que la de la propia luz, la cual es inalcanzable.
>
> Es imposible poder observarlos directamente, pero su existencia se detecta por sus efectos gravitatorios y la radiación emitida del material que cae en él. Se detectó una gran fuente de rayos X en el sistema binario Cigno X-1.

Campo Electro-magnético

Una región del espacio caracterizada por la interacción recíproca de los campos eléctricos y magnéticos. Esta región se determina por el movimiento de una carga eléctrica o de un flujo de cargas (corriente). De hecho, un carga estacionaria sólo produce un campo eléctrico en el espacio circunstante, mientras que si la carga se mueve produce un campo magnético.

Además un campo eléctrico puede producirse también por un campo magnético variable en el tiempo. A veces, el campo electromagnético variable en el tiempo puede estar asociado a una onda electromagnética que se propaga en el vacío a la misma velocidad que la luz y diferentes frecuencias (ver rayos X y gamma).

Censura cósmica

Hipótesis según la cual en nuestro universo pueden existir singularidades ocultas del agujero negro. Son una parte del universo y están siempre escondidas de los observadores, distantes de sus horizontes de sucesos.

Clasificación estelar por tipos espectrales

Clasificación asignada a una estrella en base al análisis espectroscópico. Existen siete clases fundamentales: O,B,A,F,G,K,M. Se asignan según la temperatura superficial y el color, dos características interdependientes ya que a cada color le corresponde determinada temperatura. Las estrellas O tienen un color azul y una elevadísima temperatura (40.000°C) mientras que las de tipo M tienen color rojo y una temperatura relativamente inferior (1700°C). Cada tipo espectral se divide en diez subclases numeradas de 0 a 9. Por ejemplo el Sol es una estrella de tipo G2.

Cuerpo Negro

Un cuerpo que absorbe todas las radiaciones que inciden sobre él. La frecuencia de las radiaciones, igual que la de las radiaciones absorbidas, depende de su temperatura. La energía liberada por unidad de superficie y de tiempo ($E/l^2 t$) para todas las longuitudes de onda es: $Q = k (T^4)$ con $k = 5,67 \times 10^{-8}$.

Es posible estudiar un cuerpo negro perfecto sólo en laboratio y comparar el espectro con el de otros cuerpos celestes. El Sol se comporta como un cuerpo negro a una temperatura de 6000K.

Curvatura

Es comunmente conocida como un desgarro en el continuum espacio-tiempo. El espacio-tiempo se encorva por efecto de las fuerzas de gravedad que actúan sobre él. (ver singularidad y gravitación)

Densidad

La relación entre la masa de un cuerpo y su volumen. Sin embargo *la densidad relativa* se define como una magnitud adimensional, es decir, la relación entre la densidad de un cuerpo y la del agua.

Diagrama de Hertzsprung-Russel

Un gráfico en dos dimensiones: luminosidad estelar y temperatura superficial (es decir, la de tipo espectral, a lo largo del eje horizontal). El diagrama revela diversos grupos de estrellas de los cuales el más importante es la secuencia principal que se desliza diagonalmente de izquierda a derecha de forma decreciente. La secuencia no es evolutiva pero se refiere a la masa que determina significativamente el tipo espectral y la luminosidad de una estrella. Otros grupos son supergigantes, gigantes rosas y enanas negras.

Ecuación de Einstein

La ecuación de Einstein relata la equivalencia de energía (E) y de masa (m) a través de la velocidad de la luz (c). $E = mc^2$

Electrón

Partícula elemental de carga negativa y una masa que es sólo 0,0005 la del protón, es decir 9×10^{-28} gramos. Los electrones son los constituyentes básicos de los átomos

Energía

La medida de la capacidad de un cuerpo de realizar un trabajo. Hay diversas formas de energía, como la mecánica, eléctrica, química y nuclear. La energía se mide en diversas unidades, entre las cuales el Julio (J), que pertenece al Sistema Internacional de Unidades.

Fusión nuclear

Reacción en los núcleos de los átomos que se combinan para formar núcleos de átomos pesados (que requieren más energía para reaccionar químicamente) y liberar energía.

Gigante roja

Una estrella sucesiva a la secuencia estelar principal con una masa similar a la del Sol pero unas 250 veces más grande y con una temperatura superficial de 4000°K.

Geodésica

La línea más corta que une dos puntos en el espacio-tiempo. Alrededor de la singularidad de curvatura de los agujeros negros se habla de geodésicas de tipo tiempo incompletas.

Gravedad o FUERZA GRAVITACIONAL

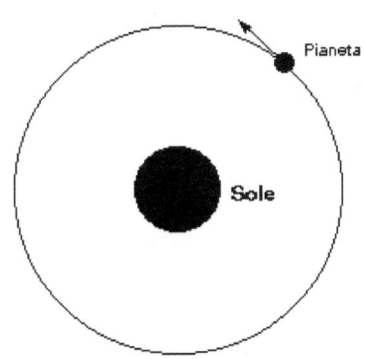

La fuerza de atracción entre las masas. La gravedad es una de las cuatro fuerzas fundamentales de la naturaleza (las otras son la fuerza electromagnética, la nuclear fuerte y la nuclear débil).

Según la teoría de Newton la fuerza entre dos masas es $F=GMm/r^2$, donde $G=6,67\times10^{-11} Nm^2/Kg^2$, mientras que en la Relatividad General la gravitación se ve como una curvatura en la geometría del espacio-tiempo y una propiedad de todos los cuerpos, que se manifiesta con el movimiento de objetos en trayectorias que corresponden a la mínima distancia posible en un espacio-tiempo curvo.

Ión

Un átomo que ha perdido o ganado uno o más electrones. El más simple es el núcleo del átomo de hidrógeno, con un protón.

Imán

Un cuerpo dotado por dos polos opuestos inseparables, el polo Norte y el polo Sur, que ejercen fuerzas de atracción y repulsión de otros imanes o materiales como hierro o níquel.

Masa

La cantidad de materia en un objeto, expresada en kilogramos. La masa de un objeto es responsable de su inercia, es decir, de su resistencia a la aceleración (ver fuerza gravitacional)

Masa solar

Una masa igual a la del Sol 2 x 10^{30} kg o alrededor de 330,000 masas terrestres. Se usa como referencia para las indicaciones de lasmasas de otros cuerpos celestes.

Medio interestelar

El material difundido en las galaxias entre las estrellas normalmente separadas por algunos años luz. En las nubes interestelares se forman las estrellas que se originan a su vez por explosiones de supernovas y otras pérdidas de masa de cuerpos celestes. Un componente fundamental del medio interestelar es el hidrógeno neutro que a pesar de su bajísima densidad (alrededor de 50 átomos por centímetro cuadrado) compone probablemtne la mitad de la masa.

Momento

El momento es una magnitud física definida genéricamente como el producto de la fuerza por la distancia del punto de su línea de acción.

Enana Blanca

Una estrella compacta, con una masa inferior a 1.4 masas solares, y un radio comparable al de la tierra. La enana blanca recoge una densidad de 10 millones de veces la del agua. El movimiento de los electrones impide a la estrella tranformarse en un agujero negro (presión de degeneración) y causa el calentamiento de unos 100.000°K de la enana, que difunde así la luz blanca. Debido a que tienen una fuente interna de energía, las enanas blancas se enfrían lentamente hasta convertirse en cuerpos no luminosos, las enanas negras.

Neutrino

Una partícula elemental con carga eléctrica cero y una masa muy pequeña. Los neutrini se producen en grandes cantidades en todo el universo por las relaciones nucleares de las estrellas en formación pero interaccionan mínimamente con las otras partículas cósmicas.

Neutrón

La partícula que junto al protón forma el núcleo de un átomo, a excepción del hidrógeno ionizado que presenta sólo un protón en el núcleo y un electrón.

Núcleo atómico (*pl.* núcleos)

El corazón del átomo, que está formado de protones y neutrones. El número de protones determina la naturaleza del núcleo : el núcleo de Hidrógeno tiene un protón, el Helio tiene dos, el Carbono seis, etc.

Horizonte de sucesos

El "punto de no retorno" de un agujero negro: no puede salir nada del interior del horizonte de sucesos debido a la intensidad del campo gravitacional. Para escapar del agujero negro se necesita alcanzar una velocidad que supere a la de la luz, lo cual es imposible.

El horizonte de sucesos es una superficie nula, es decir, tangente a todos los puntos del cono de luz. La propiedad de resistir a las perturbaciones que tienen como objetivo destruirlo se llama rigidez del horizonte de sucesos.

Presión

La fuerza por unidad de superficie en un gas o líquido, expresada en newton por m^2. Por ejemplo la presión a nivel del mar en la tierra es: 1.01×10^5 newton por m^2. Sin embargo la presión en el centro del Sol es de 3 x 10^{16} newton por m².

Protón

Una partícula con carga positiva que junto a los neutrones se encuentra presente en los núcleos atómicos.

Púlsar

Es una estrella de neutrones que gira sobre sí misma si las radiaciones aparecen pulsaciones regulares.

Cantidad de movimiento

Medida vectorial de la velocidad de un cuerpo en relación con la masa del propio cuerpo(**q** =m**v**).

Radio de Schwarzschild

Distancia crítica en la que la velocidad de escape del agujero negro es igual a la velocidad de la luz. Nada puede escapar del campo gravitacional del agujero negro. $r_* = 2GM/c^2$

Rayos gamma

Ondas electromagnéticas de gran frecuencia, por tanto dotadas de mucha energía, producidas por colisiones de partículas elementales.

Rayos X

Ondas electromagnéticas producidas por la transición de los electrones más cercanos al núcleo. Tienen menos energía que los rayos gamma.

Onde elettromagnetiche prodotte dalla transizione degli

Relatividad General

La famosa teoría de la gravedad desarrollada por A. Einstein entre 1905 y 1926 en el intento de explicar un resultado experimental, que la velocidad de la luz en el vacío tiene siempre el mismo valor respecto a cualquier sistema de referencia inercial, es decir, independiente del movimiento de la fuente de luz y del observador. La teoría afirma entre otras cosas que el tiempo es una dimensión del espacio (espacio-tiempo) y es relativo. La gravedad actúa sobre él, encorvando el espacio-tiempo cuatridimensional.

Secuencia principal

Secuencia de masa del diagrama HR que contienen las estrellas que obtienen su energía de la conversión de hidrógeno (H) en Helio (He) en su interior. Para que esto suceda la temperatura tiene que ser al menos de 10.000.000 grados. El Sol es una estrella de la secuencia principal.

Singularidad

Una región distorsionada del espacio-tiempo en el que la curvatura del espacio-tiempo se vuelve infinita (concentración infinita de materia en un volumen nulo) y donde las leyes ordinarias de la física no pueden aplicarse. El universo podría haberse originado a partir de una singularidad, anterior al Big Bang.

Singolaridad desnuda

Una singularidad sin un horizonte de sucesos, que no está circundada por un agujero negro. Es la base de la teoría de los wormhole, pero la hipótesis de la censura cósmica de R.Penrose excluiría la existencia, al menos de nuestro universo. El Big Bang sería una singularidad desnuda, una especia de agujero blanco. (*ver wormhole*).

Sol

La estrella del centro de nuestro sistema planetario que consiente la vida en la tierra, calentándola e iluminándola. El Sol es una estrella de la secuencia principal con un radio de 700.000 kilómetros, una masa de 330.000 masas terrestres y una temperatura superficial de unos 6000 °K (tipo espectral G2), mientras que la temperatura en el centro es de 15 millones °K.

Estrella

Una esfera de gas automáticamente luminosa que genera energía por medio de reacciones nucleares en su interior. Las estrellas están formadas principalmente por hidrógeno y helio. Por ejemplo el Sol está compuesto por el 94% de hidrógeno y el 5,9% de helio, y el 0,1% de otros elementos. La masa es el factor principal que determina el curso de su existencia.

Estrella de neutrones

Una estrella compacta formada principalmente por neutrones. La estrella de neutrones tiene una masa de entre una y tres masas solares. Su densidad es comparable a la de un núcleo atómico (de 100 a 1.000 trillones de veces la densidad del agua).

Supergigante

Una estrella 10 veces más masiva y 500 veces más grande que el Sol, muy luminosa, al final de la secuencia principal. Dependiendo de la temperatura superficial, se distinguen supergigantes azules, amarillas o rojas. Normalmente evolucionan en supernova.

Supernova

El final explosivo de una estrella de gran masa que destruye al astro precedente (supernoa de tipo I; la estrella precursora es una enana blanca de unas 1,4 masas solares, en sistemas binarios), o explusa una gran parte de los estratos externos de la estrella precursora a millones de kilómetros por segundo, dando vida a una estrella de neutrones o a un agujero negro (supernova de tipo II; la estrella que la origina tiene una masa que supera 8 veces la del Sol y ha agotado completamente su combustible nuclear). Las supernovas son sucesos bastante raros pero muy luminosos (una supernova puede brillar igual que una galaxia de millones de estrellas): en los últimos años se han observado sólo cinco en nuestra Galaxia, la más reciente en 1987, en la Gran Nube de Magallanes.

Supernova, residuo de

La envoltura expansiva de gas derivado de una supernova y mezclado con gas y polvos interestelares. En la imagen de al lado pueden verse restos de supernova.

Velocidad de la luz

La velocidad en el vacío, normalmente indicada con "c" es igual a unos 300.000 kilómetros/segundo. Ningún cuerpo dotado con masa puede superar esta velocidad.

Wormhole (Agujero de gusano)

Túnel espacio temporal, cuya teoría fue formulada por primera vez por John Whreeler. Son los pasillos que atraviesan el horizonte de sucesos de agujeros negros y de agujeros blancos, que permiten moverse a través de grandes distancias incluso a universos paralelos. Los wormhole no presentan singularidades, y la materia que los atraviesa saldría por un agujero blanco.

Todos los derechos reservados © 2009 - 2014
Igino Mauro Annarumma

www.ingramcontent.com/pod-product-compliance
Lightning Source LLC
Chambersburg PA
CBHW072230170526
45158CB00002BA/835